王洪江 著

图书在版编目（CIP）数据

奇石缘 / 王洪江著. -- 福州 : 福建美术出版社，2016.12
ISBN 978-7-5393-3609-1

Ⅰ. ①奇… Ⅱ. ①王… Ⅲ. ①观赏型－石－中国－图集 Ⅳ. ① TS933.21-64

中国版本图书馆 CIP 数据核字（2017）第 003862 号

出 版 人：郭　武
责任编辑：郑　婧
出版发行：海峡出版发行集团
　　　　　福建美术出版社
社　　址：福州市东水路 76 号 16 层
邮　　编：350001
网　　址：http://www.fjmscbs.com
服务热线：0591-87620820（发行部）　87533718（总编办）
经　　销：福建新华发行（集团）有限责任公司
印　　刷：福州万紫千红印刷有限公司
开　　本：889 毫米 ×1194 毫米　1/32
印　　张：5
版　　次：2017 年 1 月第 1 版
印　　次：2017 年 1 月第 1 次印刷
书　　号：ISBN 978-7-5393-3609-1
定　　价：50.00 元

作家写长篇，闭门谢客容易出活。故此，三年前我经战友推荐，南下江西上犹，在陡水湖畔租了一套民房，潜心创作一部构思十年的作品。

猴年伊始，书稿敲定。六十余万字，了结一桩夙愿。因充斥着不少敏感内容，联系出版遇阻，只能暂且搁置，等待时来运转。两里外正劈山开岭兴建大型停车场，惆怅之余，信步前去游逛。工地边缘隆起一座小山状的石堆，布满小如红枣大如香瓜的石头。连着下了几天雷阵雨，石头的花纹若隐若现。我略加选择地捡了几块，带回居室，漫不经心把玩。先是发现一块绿色片石上的狗形黄斑，继而又发现一块褐色石头依稀呈现龙头龙身。脑瓜一转，有了两个命名《大黄狗》《神龙见首不见尾》。继而悉心分析另外一块浅绿色的石头，便又有了《观音显形》。

原以为拾取奇石是当地土著的专利，想不到我这外来户竟有如此好运。这大大激发了我对奇石的兴趣。

第二天上午，我重返停车场工地，还特意带了个大袋子。谁料那里活跃着一辆推土机，往前一拱，铲满一斗乱石，开到十米外的混凝土搅拌机前，哗啦朝滚筒里一倒，又转回石堆循环往复。滚筒里的石子与水泥沙子一起搅拌，继而装进料桶传输到山脚下，用于砌一个小水坝，完成了最终的归宿。铲车大张虎口，滚筒连吃带吐。试想，无意间葬送了多少奇石！真想叫推土机手停下来，让我好歹挑一挑再铲。可是，你算老几？我只能假装是来看热闹的，待了片刻就溜之大吉。

晚上，脑子里回放铲斗与滚筒的“联合绞杀”，忽然意识到，奇石就像奇才，当作石就是石，当作才就是才。从这个意义上说，抢救奇石就像抢救奇才，刻不容缓。如此思想境界一拔高，油然增添使命感。再走近石堆，就大大方方地和民工打个招呼，说明来意。得到允许，推土机推它的，我捡我的。之后，拿给民工过目。我如获至宝，他们的眼神却流露出不屑。的确，他们天天和石头打交道，早已见怪不怪了！

寻找奇石，带有探索的快感，我愈发乐此不疲。起先只将石堆当作主攻目标，偶尔发现公路边的乱石，竟也有品相不错的。于是，每当雷阵雨过后，我就推着自行车，逐一检视路边焕然一新的石头，常有意外的惊喜。一次，我推车上坡下坡走了五六里，尚未捡到一块满意的石头。慨叹一声，准备打道回府。掉转自行车的功夫，发现后轱辘旁的沙土一片殷红。好奇地挖开一看，有着“多少”和“寒号鸟”的奇石，就成了此行最大的收获。另有一次，我和赣南老作家阳春去儒商蓝显歆家赴宴，边走边吹嘘我的“奇石缘”。过了陡水桥，一眼瞥见他脚底踩过的垫路石有些异样，便指点说，要是我自己出来，就会把它挖起来看看。当时也就是一笑了之。转天我试探着把它挖了出来，果真如愿以偿。我给它起了个响亮的标题：《世纪之吻》！

陡水镇离县城20多公里。每次乘坐中巴进城，我都要警觉地扫视公路两旁，瞧瞧有无可供捡拾的石头。那天车过梅水，我看到一个黄土堆上乱石横陈。转天便骑着自行车跋涉十几里，一举收获了《熊出没》和《大树底下好练功》两块有分量的奇石，大大超出了我的期望值。

营前镇是上犹奇石的大本营，我决定也去碰碰运气。下了客车，朝着五指峰方向走了一里多路，来到河边，发现满滩石头大多沾满黑色淤泥，面目皆非，无法挑选。便又折回路边一个分布乱石的黄土堆。在拾取并淘汰了几块似是而非的石头之后，以为将要无功而返。这时，路口的一块石头引起我的注意。撬开一看，背面反射着一片红光，《霞光凤影》就这样脱颖而出。妙的是，方才撬开它的时候，又捎带出了两块好石头:《嫦娥应悔偷灵药》《艾菲尔梦想成真》。

几天后我再去营前，拟转车去寺下乡。可听人说黄沙坑的石头满滩都是，便临时改变了目的地。黄沙坑果然“一川碎石大如斗”，用完干粮，我下到近乎干涸的河里，一边扫视一边往下走。谁料足足走了十多里，却没发现一块亮眼的石头。估计这个著名的奇石产地，早就被多少奇石爱好者扫荡一空了。得出教训，捡奇石也应另辟蹊径，切忌凑热闹!

不久，我发现县城东山镇茶亭堆积着一个不足百平方米的沙石堆。第一次踏勘，就将《德鲁比》《魔幻女孩头像》收入囊中。此后，我隔三岔五就去一趟，从不曾空手而归。常常以为它已被“开采”尽了，可再次重返，又有新的斩获，直至撑起了大半部书稿，堪称我的“风水宝地”。《奇石缘》进入出版程序，它似乎也完成了历史使命，被铲进一辆辆翻斗车，逐渐消失……假如这种搬迁早了三个月，我这部书稿也许就难以完成了!

奇石的捡拾，一靠运气，二靠眼力。起决定作用的还是文化修养。可以说，山野村夫比文人雅士更易捡到奇石，但由于知识匮乏，读不懂奇石的“密码”，不少人当作奇石捡来，又当作普通石头扔掉。所以与其说是捡奇石，莫如说是捡文化，否则“兜不住”!

总之，我能幸运地与奇石结缘，得益于我“误打误撞”。因为我当初并没有“奇石之乡”的概念。尽管第一次去住地七百米外的佛洗瀑布游览，就曾顺手捡回了第一块奇石《西天取经》。但我真正开始关注奇石，捡取奇石，还是在书稿完成之后。

“有心栽花花不开，无心插柳柳成荫”，这大概是老天爷对我的一点犒赏吧!

王洪江

奇石缘
目录

天工妙品

第一辑

孔雀孵蛋叭狗偷看

乒乓球大小的圆石上，两个互不相关的形象似乎刻意安排，别具匠心。孔雀稳稳当当孵在比例适当的蛋上，占据了主画面；叭狗只探出一个头，似在偷窥，表情煞有介事。画家若想创造一个这样诙谐的画面，也堪称佳作。而此出在天然，堪称神奇！

从石堆里不经意间翻出这块奇石，当时就眼睛一亮，初拟标题《母鸡孵蛋叭狗警卫》。不如这么修改一下更风趣。

尺寸：2 厘米 ×1.9 厘米 ×1 厘米

花仙子

一丛兰花,隐现一张清秀的面庞。宛若西施，一丝哀愁更添几分娇美。右上侧，分明站着一个丑女，搔首弄姿，自作多情。左下侧，依稀出现几个人影，指手画脚，仿佛在议论东施效颦。

如果多瞧几眼，就会发现一个戴墨镜穿礼服的神秘人物，正站在花仙子的身后,又可为图案引出新的解读。

尺寸：8 厘米 ×6 厘米 ×3 厘米

魔幻女孩头像

粗略一眼望去，是一个卷发外国女孩的头像，表情做惊叫状。细细观赏，尤其是放大图案观赏，女孩的脸顿时出现好几个头像，重重叠叠。变换角度观赏，出现的头像更多，超过了十个。但究竟有多少个，不敢断定，因为他们富于变化，很难辨认确定。

标题也就出现了“魔幻”二字。

尺寸：4 厘米 ×2.6 厘米 ×3.5 厘米

淑女

最先映入眼帘的是一个侧面淑女的肖像。她美丽文静，气质高雅，一看就是名门闺秀。余光一扫，又能发现她的脸颊左右，依稀显现两个中年妇女的头像，一个稍实，一个稍虚。这大概是她的母亲和家庭教师吧。

尺寸：12 厘米 ×8 厘米 ×7 厘米

模糊记忆的头像

人们的记性，有时熟人的印象反倒模糊不清。回忆的瞬间，往往闪现其他不相关的面孔。图案恰好再现了这种状态——主画面，三张面孔并列：秃脑门，鹰钩鼻和大眼睛。上方又是三个头像。副画面，是个双面人。主角是谁，一时难以分辨。

标题初拟为《记忆混淆的面孔》，修改后更能表达出图案的内涵。

尺寸：5 厘米 ×6 厘米 ×1.5 厘米

布娃娃和狗

布娃娃撩起小手抚摸狗的鼻子，狗伏在布娃娃身边，就像在服侍小主人。画面充满了温馨和谐，简直可以编写一篇童话。

小老鼠上灯台

将画面往右一转，布娃娃又似乎变成了一只小老鼠，而狗头也似乎变成了一盏油灯。意境也陡然一变。很多中老年人都熟悉那个歌谣：小老鼠，上灯台。偷油吃，下不来。叫妈妈，妈不在，咕噜咕噜滚下来。

两个画面都生动具象，容易拟出相应的标题。

尺寸：2厘米×2厘米×1厘米

仕

笔力遒劲的字体，俨然大手笔。

携手同行

图案左转：一对中年男女，携手行走在平坦的大路上。谁能预料，前面是风和日丽，还是急风暴雨呢。

尺寸：3厘米×2.6厘米×1.5厘米

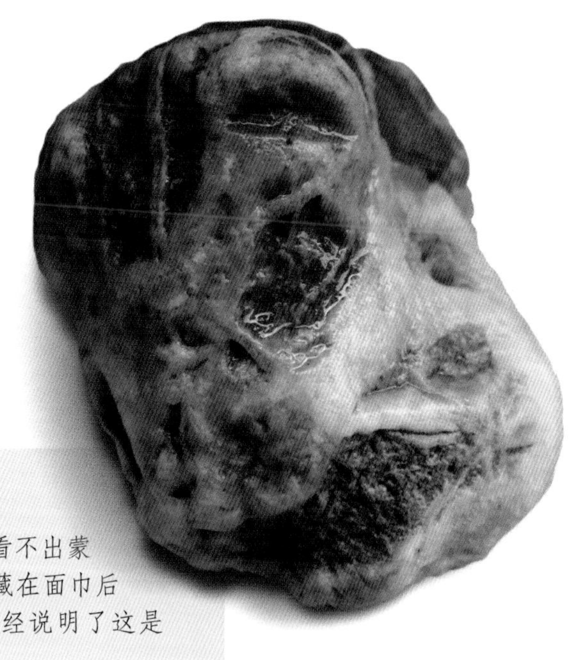

蒙面人深沉的眼睛

除了凹陷的眼窝，看不出蒙面人的长相。不过，隐藏在面巾后的那双深沉的眼睛，已经说明了这是个什么样的男人。

苹果形象代言人

苹果品牌的那只苹果，有一个大的缺口。它是怎么咬掉的，那个大嘴巴或许揭开了谜底。

此图为《蒙面人深沉的眼睛》的背面。

尺寸：3 厘米 ×2.5 厘米 ×1.5 厘米

无锡泥塑大阿福

襁褓里包裹着一个大头女，憨态可掬，招人喜爱。她的双腿前，出现了一个妇女的头像。这大概是老天爷怕她寂寞，又给了找来了可靠的陪伴吧。背面又成了——

金发飘逸

一个中年妇女，挺着乳房，目视前方。她的金发随风飘逸，格外引人注目。

尺寸：14 厘米 ×10 厘米 ×5 厘米

女孩爬树看天鹅

左下角，一只天鹅翩翩起舞。右上角，一个女孩爬在树上，看得如痴如梦。父亲站在女儿的身后，可能喊了好久，女儿并不理睬，气得转过脸去，摆出一副要走的架势。

花木兰替父从军

侧面，依稀露出一张姣好的面孔，初看像是耶稣布道，再看，发现更像花木兰替父从军。女儿身，花容月貌。已经披上战袍，正在练习抱拳。即将步入军营。十年后，衣锦还乡，美名远扬。

尺寸：14 厘米 ×8 厘米 ×4 厘米

暗中监视 1 打盹

暗中监视 2 发现目标

同一个头像图案，拍摄角度稍微做点调整，图案便发生奇妙变化。眼睛闭上睁开，跟活了一样。

尺寸：7 厘米 ×6 厘米 ×4 厘米

旋涡中的爱

滚滚的黄河激流中，一对情侣镇定自若地接吻。他们以爱鼓励，以爱吻别。就连河神也被他们惊呆了，趴在美女的头顶观看。

图案分明显得零乱，原拟命名《乱象丛生》：正中偏右，一个政客的面孔。右上方，依稀还有一个政客的面孔。左上方，依稀出现几个头像。底下左侧，两个青年人接吻。右侧，一个戴帽子的头像。但觉得过于牵强。整理图片时，决定突出两个青年人，便有了主题的升华。相形之下，就切题多了。

火烈鸟

一只火烈鸟，飞翔在半空中，大团的云朵悬浮在它的头顶。它是领飞的头鸟还是失群的孤鸟，不得而知。

尺寸：10厘米×13厘米×6.5厘米

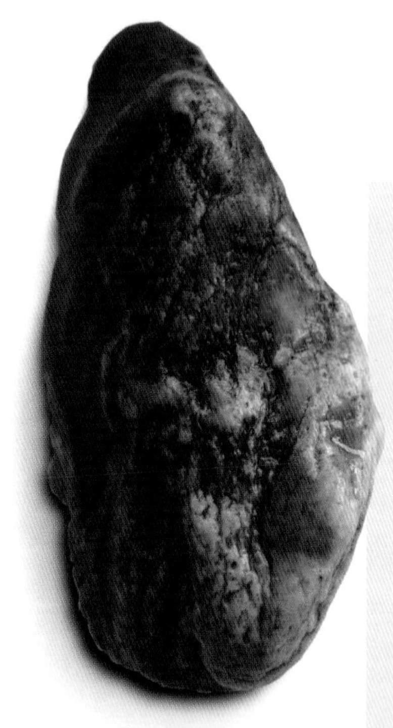

挂在眼帘的美女

一个侧面的男人面孔作为全景，在他的左眼角，现出一个时髦的美女，仿佛是从眼眶里钻出来的。

尺寸：6 厘米 ×3 厘米 ×4 厘米

第三者

图案右侧，是一个蓄着唇胡披着长发的中年男人；左侧是一个留着运动头面容姣好的青年女性。他们应该是夫妻，却面对面站着，双目对视，分明刻意回避，各有心思。

瞅着女性的脸庞，焦点略微下移，脸蛋忽然变成一个额头，嘴巴变成一道眉毛，下巴变成一只眼睛，继而出现一只鼻子，一圈唇胡，露出另一个中年男人的笑脸。他莫非就是引起夫妻“冷战”的第三者？

初拟标题《便衣警察》，把第三者当作做便衣。感觉不太确切，改为《变脸》。却无法体现右侧的那个长发男。再做修改，既兼顾了全局又突出了重点。

尺寸：6 厘米 ×4.5 厘米 ×2 厘米

灵异少女头像

一个戴着毛线帽的少女，照了一个侧影。但取出照片一看，发梢和下颌隐隐显出几个怪异的面孔。这种灵异事件，网络上有传导的。出现在奇石上，倒像是在加以印证。

标题和画面正好配套。

尺寸：12 厘米 ×6 厘米 ×4 厘米

纪念芭蕾舞大师的另类雕塑

骷髅形状的一块头骨，却醒目地再现了一个芭蕾舞女，俨然是为一个芭蕾舞大师量身定做的另类雕塑。大自然的雕刻刀如此神奇，或可成为雕塑家的借鉴。

仅看舞女的身子，依稀显现一个白胡子老头，正和蔼地微笑着。

尺寸：10 厘米 ×8 厘米 ×5 厘米

皇帝的新装

虽只是一个模糊的侧影，但皇冠历历在目，尤其是他光着屁股，一丝不挂，很容易让人联想安徒生的同名童话，进而联想到那个即将光着屁股向子民炫耀神奇新装的皇帝。此时，他睁着大眼睛，翘着长鼻子，踌躇满志，似乎正在想象接受万众喝彩的盛大场面。

猩猩

图案倒转，隐约显现一只猩猩正在从一棵树跳向另一棵树。它身段灵活，充满弹性，恐怕也是个猩猩之王。

尺寸：4.5 厘米 ×4.5 厘米 ×3 厘米

扮鬼脸

明明是石头上的天然图案，偏偏像是具有人的表情，扮鬼脸，逗开心。

睁一只眼闭一只眼

开完玩笑，回到现实，又看破红尘，同样是怪异的表情。

尺寸：7 厘米 ×6 厘米 ×3.5 厘米

汉墓壁画

汉代仕女的形象亭亭玉立，两个随从只有完整的身子，头颅像是遭到岁月的侵蚀，不复存在。愈发如同新出土的文物。

标题原为《汉代画像砖》，不如修改之后更准确。

尺寸：8厘米 ×7厘米 ×2.5厘米

魔幻组合头像

图案可分出两个层次，主画面，一个头戴星条旗帽子的男人，睁着两只深沉的眼睛似乎意犹未尽；女人头发扎着白丝巾，依偎在男人胸前，一副陶醉状。可拟标题《夫妻回忆初恋》。左转变换视角，丝巾和女人的脸似乎变成了一个胖女佣。星条旗帽子和男人的额头，则变成一个长辫子新女佣。胖女佣正在训斥新女佣。可拟标题《老女佣新女佣》。右转变换视角，星条旗帽子变成帐篷，门前站着一个女孩。高处，她的调皮的弟弟正在表演绝技。可拟标题《帐篷门前姐弟俩》。

尺寸：13厘米 ×10厘米 ×6厘米

击鼓说唱俑

击鼓说唱俑，灰陶制，高55厘米，制作于东汉时期，1957年出土于四川成都天回山崖墓，现收藏于中国历史博物馆。图案俨然是对那个陶俑夸张变形。

尺寸：10厘米×7.5厘米×12厘米

抽象组合

亲昵

灵石擅长写实，也擅长抽象。几个色块如同七巧板，随意一换，就是一个新的造型：

图案比较抽象，但稍微展开一点想象力，就不难发现，在一座猩猩岭上，两个年轻人爱心荡漾，头亲昵地贴在一起，情意绵绵。姑娘穿着洁白的长裙；小伙穿着和山岭一样的服装。他伸出手来揽住心上人的腰，女孩怀中的宠物狗也显得非常温顺。

尺寸：14厘米×12厘米×8厘米

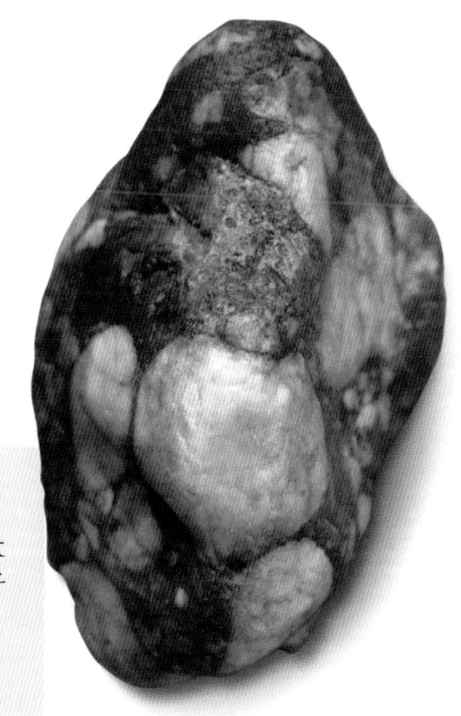

难舍难分

丈夫打扮成一只棕熊，大概要去外地演出。美丽的妻子偎依在他的怀里，恋恋不舍。

智慧老人

深邃的目光,沉思的表情，飘逸的白胡子，貌似博古通今的大学问家。

尺寸：14 厘米 ×12 厘米 ×8 厘米

爱思考的男孩

一个男孩带着弟弟玩耍，忽然陷入了沉思。他在想什么，不得而知。但他的妈妈在右边喊他，他都没有听见。

尺寸：14 厘米 ×12 厘米 ×8 厘米

望眼欲穿

父母大概外出打工许久未回，男孩带着弟弟玩耍，时不时会呆呆地望着远方，盼望见到父母的身影。

尺寸：14 厘米 ×12 厘米 ×8 厘米

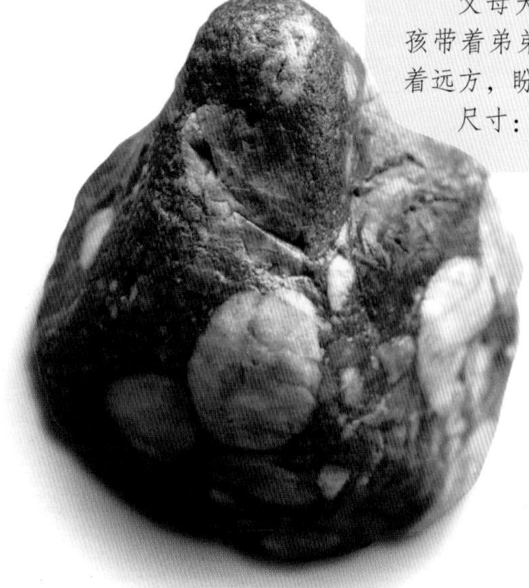

灵石

第二辑

造像

悉达多开悟

悉达多，姓乔达摩，是迦毗罗卫国净饭王的太子。他29岁离家，探索人生解脱之门。他披着鹿皮、树皮，睡在鹿粪、牛粪上。6年后，身体消瘦，形同枯木。当他认识到苦行并不能获得解脱，便渡过尼连禅河，来到伽耶，坐在菩提树下，沉思默想。据说，经过七天七夜，终于悟出了“四谛”的真理。

图案如同特写，再现了悉达多菩提树下开悟的情景。菩提树枝干如铁，暗喻悉达多的意志。他的面庞消瘦，甚至扭曲变形，象征着思考的痛苦和艰难。顶端显露的犍陀罗发型和那双洞穿世间的眼睛，似乎预示着佛教即将大行于世。

尺寸：42厘米×20厘米×10厘米

堂吉诃德

昏黄的背景，模糊的身影，马匹瘦骨伶仃，长矛只剩半截，浑似那个挺进荒漠大战风车的堂吉诃德。马前那个矮胖子，也恰似随从桑丘。主仆二人被定格在石头上，令人会心一笑。

第一个标题拟为《骑士》。含蓄有余，形象不足。改做《堂吉诃德》，既贴切又提高了文化档次。

尺寸：16 厘米 ×10 厘米 ×4 厘米

卡西莫多

20世纪70年代看过电影《巴黎圣母院》的人，一定对那个丑陋但心灵美的敲钟人留有深刻印象——长得有几分像猩猩，牙齿歪斜，瞎了一只眼睛，这块奇石可谓惟妙惟肖。

只要看过电影的，都很容易拟出这个标题。

尺寸：7.5厘米 ×3厘米 ×5厘米

哈姆雷特和克劳斯迪

这两个人物出自莎士比亚著名戏剧《哈姆雷特》。哈姆雷特是丹麦王国一位年轻有为的王子，他正在德国的威登堡大学学习，国内传来噩耗，父王突然惨死，叔叔克劳斯迪篡夺王位，母亲改嫁克劳斯迪。哈姆雷特回国奔丧，父亲的鬼魂告诉了他自己被害的经过：克劳斯迪趁老哈姆雷特在花园里午睡时，把致命的毒草汁滴进了他的耳朵，并使毒液流入他的全身血管，使他的身上起了无数疱疹，最后夺取了他的生命。

克劳斯迪虽然不知道老国王鬼魂出现的事，但他心中有鬼，派人试探哈姆雷特……

哈姆雷特的忧伤和思谋报仇的迟疑以及克劳斯迪的心怀鬼胎，都在这简洁的图案中表达得惟妙惟肖。

尺寸：15 厘米 ×17 厘米 ×10 厘米

搅水女人

尖尖的高鼻子，飘逸的长发，雪白的皮肤，高耸的乳房，下半身隐在水里，正在用海绵球擦嘴，一看就是美丽的法国女郎，整个画面也充满浪漫气息——她的鼻尖前，可看到一张老头的面孔。可视为美女的丈夫。老夫少妻，便很容易有第三者插足。于是，在她的脑海里，闪现出三个情夫的头像：一个鹰钩鼻一个大胡子和一个大腮帮男人。

读过巴尔扎克长篇小说《搅水女人》的，倘若将美女联想成女主人。那么老头便是留下丰厚遗产的前任丈夫。鹰钩鼻和大胡子便是争夺富孀的两条恶棍。大腮帮则是村里游手好闲之徒……

尺寸：9厘米 ×13厘米 ×6厘米

巴尔扎克和《人间喜剧》

巴尔扎克是19世纪法国的文学巨匠。他创作的90余部小说，分风俗研究、哲理研究、分析研究三大部分，统称《人间喜剧》，构成了一部栩栩如生的法国的社会风俗史。

图案上方，是巴尔扎克的头像。虽然小，却挺传神，让看过他的画像的人，一眼就能辨认出来。头像往下，影影绰绰显现若干头像，无疑都是作品中的主人公，熟读《人间喜剧》的读者，倘若有兴趣，完全可以“对号入座”。

尺寸：6厘米×14厘米×9厘米

匹诺曹

看过《木偶奇遇记》的人，忘不了那个一撒谎鼻子就长长的木偶人。图案中的匹诺曹，肯定撒了不知多少谎，鼻子已经可以绕梁三尺了。

尺寸：22 厘米 ×18 厘米 ×10 厘米

小美人鱼

图案似乎再现了小美人鱼在服巫婆的药之前的场景：那时她还有着一条宽大的尾巴，经常侧着脸望着海岸遥想王子。大姐的头像出现在她的脸颊边，她和另外三个姐姐设法成全小妹妹的心愿。巫婆也出现在画面右侧，歪着脸念念有词。半空飞着一只长着两张险恶人脸的鹰，俨然巫婆用嘴喂过的那只癞蛤蟆和水蛇的化身，营造了一股悲剧的氛围……

尺寸：8 厘米 ×11 厘米 ×5 厘米

玛丝洛娃

玛丝洛娃，是托尔斯泰《复活》中的女主人公。她原本是个善良、淳朴、天真无邪的少女，自从被聂赫留朵夫蹂躏和抛弃后，流落为妓女，又不幸被诬告为毒害人的凶手，陷于冤狱之中。画面中，她披着头巾，额头光洁，鼻梁高挺，一双忧郁的眼睛，正在怯怯地张望，似在接受审问。在她的身后，特写般展现了法官的群像，因为重叠而稍显混乱，但只要仔细分辨，还是栩栩如生。尤以第一个法官最有特点。目光偏左，可以看到他凝神静听；目光偏右，又能看到他张着嘴怒斥。这样的构图手法，不愧为奇石！

原名《魔幻头像》，突出一个美丽少妇与几个老头的拼凑。思路偶尔一转，竟捕捉到了新的意象，无疑深化了主题。

尺寸：9厘米×6厘米×5厘米

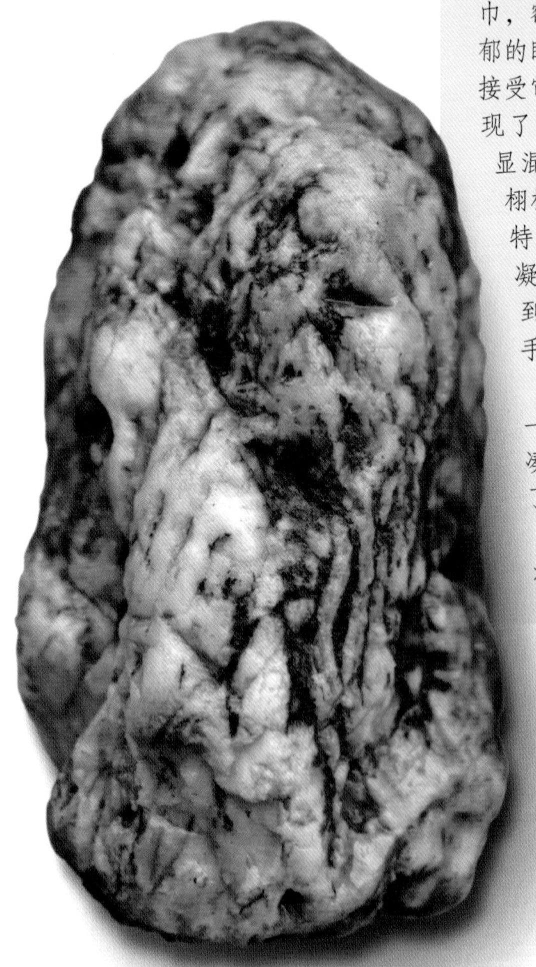

普希金和妻子

普希金的妻子冈察洛娃爱慕虚荣，遭到法国籍宪兵队长丹特斯的亵渎，导致普希金和丹特斯的决斗。决斗中普希金身负重伤，1837 年 1 月 29 日不治身亡，年仅 38 岁。

尺寸：10 厘米 ×12 厘米 ×15 厘米

贪婪婆

普希金的长诗《渔夫和金鱼的故事》脍炙人口。女主角极其贪婪，得寸进尺，一而再再而三向老头放生的金鱼提出非分要求，结果又从贵妇人回到了"还是那只破木盆"的穷酸老太婆。

图案呈浮雕效果，老太婆贪婪而惊恐的眼神，惟妙惟肖。

尺寸：16 厘米 ×12 厘米 ×7 厘米

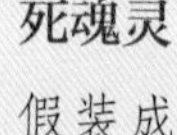

死魂灵

假装成六等文官的乞乞科夫来到某市，先打通了上至省长下至建筑技师的大小官员的关系，而后去市郊收买已经死去但尚未注销户口的农奴，准备把他们当作活的农奴抵押给监管委员会，骗取大笔押金……封面倘若这样设计，是不是别具一格？

尺寸：8厘米×9厘米×4厘米

希特勒

吻着犹太死亡者的头骨，眼睛流露出凶狠与残暴。大独裁者希特勒，发动第二次世界大战，给世界许多国家的人民带来了空前的灾难。损失的世界各国的珍贵文化遗产更是无法计算。

尺寸：13厘米×12厘米×5厘米

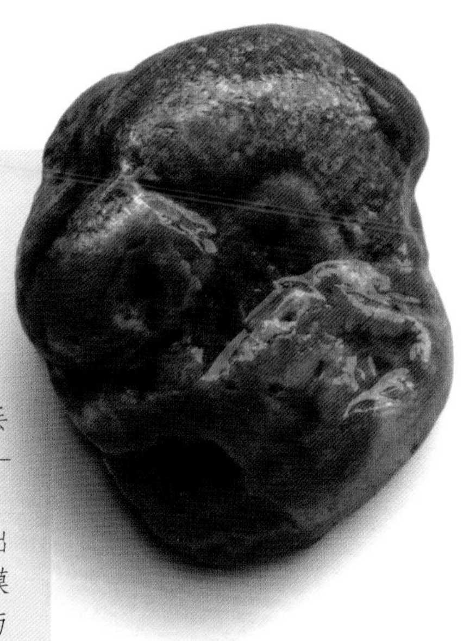

石油大亨洛克菲勒头像

洛克菲勒是现代商业史上最富争议的人物之一。他创建的标准石油公司，在巅峰时期曾垄断全美80%的炼油工业和90%的油管生意。他声称："如果把我剥得一文不剩丢在沙漠的中央，只要一行驼队经过——我就可以重建整个王朝。"

早年的洛克菲勒，网上可以搜出他的图片。晚年的洛克菲勒是什么模样，不得而知。但这个头像，似乎与人们想象的大财阀吻合。

尺寸：4.5 厘米 ×4 厘米 ×4 厘米

基辛格漫画像

基辛格是犹太人后裔，曾任美国尼克松政府国家安全事务助理、国务卿、福特政府国务卿。他与越南人黎德寿一同获得过1973年诺贝尔和平奖。看过基辛格长相的人，都会对他的大鼻子、巧嘴巴和睿智的眼睛留下深刻的印象。这幅漫画像略作夸张变形，倒也颇为传神。

尺寸：7 厘米 ×7 厘米 ×3 厘米

查泰来夫人的情人

这是20世纪英国最富争议的作家D·H·劳伦斯的名著。查泰来夫人因丈夫被战争夺去双腿成了残疾人，无法过夫妻生活，陷入病态。偶然的机会，她结识了园丁帕尔金，获得了生理满足，无名病状不治而愈。但她却生怕秘密暴露，整天忐忑不安。

尺寸：10厘米×16厘米×9厘米

老人与海

老渔夫圣地亚哥搏击海上风暴，终于制服了一条大马林鱼。但在返航途中，却被鲨鱼撕碎叼走，只剩了一副骨架。

图案煞有介事地勾画了老渔夫上岸之后的凄凉。他扛着鱼枪、拎着橹，满脸疲惫地往家走。停泊海边的两只小船都有船夫，但无人过来帮忙，他们对老人的空手而归已司空见惯，自然，也就不会把老人看作一个失败的英雄。

美国“文坛硬汉”海明威素以文笔简洁著称。此图简练的线条与之不谋而合，相得益彰。

尺寸：6厘米×7厘米×1.5厘米

等待戈多

这条孤独的身影，宛如诠释《等待戈多》。那是戏剧史上第一部演出成功的荒诞派戏剧。它与传统戏剧背道而驰，没有开端，没有发展，没有高潮，没有结束，力图造成一种感觉——时间无穷无尽无始无终，生活始终在无休止的等待中循环往复。

尺寸：10厘米×5厘米×3厘米

柴可夫斯基和梅克夫人

柴可夫斯基是俄罗斯最伟大的作曲家，创作了《天鹅湖》《睡美人》《胡桃夹子》等传世歌剧。梅克夫人是一位有钱的寡妇，不但提供了一年6000卢布的赞助，亦表达了对柴的音乐事业的关注及其音乐的赞赏。奇怪的是，因她执拗的坚持，13年间，两人互通信件达1200封，却从未见面，只是在两个不同场合下偶然相遇，并未交谈。图案似乎再现了那个尴尬的瞬间。身体发胖的梅克夫人慌忙回避；柴可夫斯基则也回以漠视的眼神。资助人和被资助人的关系如此别扭，大概全世界也就仅此一例。

尺寸：7厘米 ×6厘米 ×3厘米

世纪之吻

戴着船形帽，耳朵被炸掉，面颊留着弹孔，满脸沧桑，如此专注地狂吻情人，一看就是刚走出炮火硝烟。这样的镜头，二战结束时最具代表性。主人公应为以保守著称的英国军官，故此即便鼻子被嘴唇挤歪了，仍不忘圆睁眼睛瞧瞧周围的动静。情人大概许久没有享受过无忌的爱情，脸颊飞起一缕绯红。

第一个标题拟为《热吻》，加了个括弧，说明“二战胜利后英国军官狂吻情人”。改为《世纪之吻》，旁白也就可以删除了。

尺寸：13 厘米 ×13 厘米 ×7 厘米

万世师表

孔子的思想核心是仁政，一生颠沛流离，周游列国，指责“苛政猛于虎”，倡导“克己复礼”，处处碰壁，焦头烂额，最终成了一尊被歪曲的偶像。唯有万世师表的称誉，名副其实，无人企及。图案俨然孔子的画像，正襟危坐，坦坦荡荡，显现出师道尊严。左侧一个胡子农夫，似刚拜访过先圣，得到教诲，沉思而去。

尺寸：13 厘米 ×11 厘米 ×7 厘米

汨罗江诗魂

本来从画面看不出汨罗江的特点，但影影绰绰显现了一个老人的头像，依稀还有一根拐杖。往屈原一联想，便捕捉到了诗魂，也就有了汨罗江。

唯有这个标题，才给这个简单的图案丰富了内涵。

尺寸：5.5 厘米 ×7.5 厘米 ×1.5 厘米

蜀道难

这是李白的成名作。图案中的李白，一副文人装束，深思蜀道的感觉。

尺寸：10 厘米 ×10 厘米 ×5 厘米

火烧赤壁

浓烟滚滚，火光冲天，看不到战船，听不到哭喊，唯有孔明的头像显现在半空中，形象地再现了“羽扇纶巾，谈笑间，樯橹灰飞烟灭”的意境。

尺寸：6 厘米 ×7 厘米 ×3 厘米

苏轼赤壁怀古

主人公身形很小，却具有远观的效果。苏轼的形象，越看越真。而且，似乎展现出了他的内心世界：一个老夫的半身像，令人想起老黄盖。成语云：周瑜打黄盖，一个愿打一个愿挨。水中的倒影，宛如重现小乔的丽姿。也许真是这两个人物浮现在他的脑海，让他突发灵感，脱口吟出“大江东去，浪淘尽千古风流人物”！

尺寸：11 厘米 ×13 厘米 ×7 厘米

的卢救主

的卢曾被认为“骑则妨主”，但在刘备被追得走投无路之际，却“忽然从水中踊身而起，一越三丈，飞上对岸”，救了刘备一命。故辛弃疾词曰“马作的卢飞快，弓如霹雳弦惊”。

尺寸：10 厘米 ×16 厘米 ×9 厘米

关云长单刀赴会

江东欲夺回荆州，在江边摆下“鸿门宴”。关云长明知是计，却仅带周仓渡江赴宴。席间，关云长故意骂走周仓，使他先到江边准备，后假借酒意手牵鲁肃护佑自己到达江边，提着青龙偃月刀扬长而去，留下千古佳话。图案似乎简练了这一过程，通过关云长的神态，显现他的英雄气概。

这个标题较好地引导了读者的思路，与画面相辅相成。

尺寸：12厘米×12厘米×6厘米

空城计

蜀将马谡失守街亭，魏将司马懿率兵直逼西城。诸葛亮无兵迎敌，演绎了一出千古流传的“空城计”。图案中，城外只有一个老兵，他歪着脑袋，一只手握着扫把，另一只手还做出“请”的姿势，表情略带几分滑稽。左侧那些乱纷纷的人马，恰似司马懿怀疑设有埋伏，匆忙引兵退去。

尺寸：8厘米×10厘米×5厘米

鲁智深上五台山

背着禅杖，迈着沉重的脚步，鲁智深投奔五台山，即将开始伴随晨钟暮鼓的生活。那团红晕宛如舞台的追光，使得他原本近乎消失的身影，格外突出。

只要认准了禅杖与和尚的光头，这个标题便呼之欲出。

尺寸：4 厘米 ×6.5 厘米 ×2.5 厘米

西门大官人

员外帽，干瘦的脸颊，色迷迷的眼睛，高傲的神情，长袍掩盖的大肚子，左手叉腰，右手像是刚指点了什么，似收未收。西门庆的造型已栩栩如生。

找准了特征，标题便水到渠成。

尺寸：10厘米×7厘米×2厘米

张生会莺莺

张生寄居普救寺，与前来给亡父烧香的莺莺一见钟情。丫鬟红娘从中穿针引线，两个有情人“月上柳梢头，人约黄昏后”，终享鱼水之欢，留下了一段千古爱情佳话。

图案似乎再现了这对情侣初次幽会的场景。月光如水，夜幕煽情。张生情意绵绵，躬身问候；莺莺戴着头巾，露出几分羞涩。

尺寸：10 厘米 ×8 厘米 ×3 厘米

宝玉发痴

“天上掉下个林妹妹”，贾宝玉看得两眼发呆，好半晌才回过神来，上前搭讪。他的身前，站着一个小丫环，大概吃醋了，身子缩得很小。他的背后，依稀显现半张滑稽的面孔，宛如奇石在严肃的画面中故意调侃一下。

尺寸：10 厘米 ×7 厘米 ×16 厘米

黛玉偷听

听到宝玉表白，从此多愁善感，身体愈发消瘦。

尺寸：7 厘米 ×4.5 厘米 ×3 厘米

黛玉葬花

细若游丝的线条，恰与黛玉纤弱修长的体型相称，她侧着身，微屈着腰，挥动锄头为埋下的花瓣培土，透过锄柄，依稀可见大观园的景色。

身材的线条较乱，依稀可见别的人脸轮廓。她的额头前，仿佛撕开了一个口子，出现一张当代中学生的面孔。俨然此画作者以此方式刻意留下的纪念。

尺寸：6 厘米 ×5.5 厘米 ×2 厘米

秦跪（桧）

戏剧舞台的奸臣都是大白脸。这张白脸跪着身子，五花大绑，与那个跪在杭州岳坟的铁像恰似异曲同工，遥相呼应。

一开始就起了这个名，可又怕主题不突出，改名《奸臣秦桧》。定稿时觉得不含蓄，又回到了起点。

尺寸：5.5 厘米 ×4 厘米 ×3 厘米

雷锋雕像

一看就是人们熟悉的那张娃娃脸，棉军帽上的那颗五角星也依稀可辨。他被高调推出，影响了整整一代人。

尺寸：5 厘米 ×7 厘米 ×2 厘米

林昭雕像

林昭是为思想献身的女中豪杰，安葬在苏州灵岩山。图案似乎展现学生林昭的风采：清秀的脸庞，沉思的眼睛，修长的发辫，底座为一块巨石，则点明了她的归宿地。

尺寸：9 厘米 ×11 厘米 ×7 厘米

张志新雕像

齐耳短发，聪慧的头脑，明亮的大眼睛，看透了罪恶，却被剥夺了说话的权利。许多人早已将她淡忘，灵石却雕刻出她的头像，并以大写的人字衬托，充溢着一股浩然正气。

尺寸：10 厘米 ×12 厘米 ×5 厘米

世情百态

第三辑

传递圣火

奥林匹克圣火在奥运会期间的主体育会场燃烧直至本届奥运会闭幕，象征着光明、团结、友谊、和平、正义。从1936年柏林奥运会开始出现了圣火传递。它有着传承火焰，生生不息的意义。图中虽然只有一条身影，但不难想象画面之外的隆重场面。

尺寸：20厘米×4厘米×6厘米

陡水湖泛舟

青山绿水之间，划一叶小舟，最是惬意。

尺寸：7 厘米 ×18 厘米 ×4 厘米

风月岛谈情

岛心一个阿拉伯人天然石像。稍有些文学常识，不难联想到阿拉伯经典名著《一千零一夜》，里面充斥着大量的风月奇闻。小岛由此冠名。石像眼窝处，正有一个黑衣男子和白衣女子偎依在一起，享受风月岛的风情。

尺寸：9 厘米 ×8 厘米 ×4 厘米

大金山漂流

汹涌波涛中，一只小皮筏飞流而下，前面就是犬牙交错的暗礁，险象环生。但漂流是勇者的游戏，玩的就是惊险刺激。两个勇士镇定自若，应对自如。

尺寸：8 厘米 ×9 厘米 ×6 厘米

老顽童划竹筏

划着竹筏顺流而下，头戴一顶人形草帽，更显得逍遥自在。

这个标题只表明他是在做什么，点到为止。

尺寸：7厘米×9厘米×2.5厘米

仰泳

一个游泳高手，平躺在陡水湖清澈的水面上，像躺在木板床上一样惬意。

尺寸：20厘米×18厘米×10厘米

打冰球

棉帽透出严寒的信息，严峻表情显现激烈运动。一根长杆斜着挥舞，两条长腿一曲一蹬，很容易让人看出是在打冰球。

判断对了，标题也就不假思索。

尺寸：7 厘米 ×8.5 厘米 ×1.5 厘米

投标枪

一看就并非正规比赛，他左手操着投枪，嘻嘻哈哈地定住身子，即将投出标枪。

尺寸：4 厘米 ×4.5 厘米 ×2 厘米

撑竿跳

竹竿点地，起跳瞬间，留下矫健的身影。

尺寸：9 厘米 ×5 厘米 ×1 厘米

大树底下好练功

枝繁叶茂的大树下，依稀呈现两个晨练之人，一个在倒立，两条长腿指向天空；一个在击打沙袋，虎虎生风。

标题起到了解读画面的作用。

尺寸：20 厘米 ×20 厘米 ×15 厘米

长裙美女

拖地的长辫子，拖地的长裙子，面孔不太真切，但放大来看，也是端端正正，美丽动人。

标题锦上添花。

尺寸：8 厘米 ×6 厘米 ×2.5 厘米

卡拉 OK

一头金发潇洒地披在肩后，一张嘴抡圆了高唱动情的歌，好歹也算过了一把明星瘾。

尺寸：5.5 厘米 ×5.5 厘米 ×3 厘米

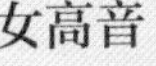

女高音

她在引吭高歌，嘴巴张得比脸还大，那声音恐怕能令人震耳欲聋。

尺寸：10 厘米 ×7 厘米 ×4 厘米

献花

大胖脸，戴着假发，一看就像中世纪的外国贵族。他可能是刚听完一场歌剧，捧着一束鲜花等待献给女演员。

这个标题似乎不太准确，因为他还没正式献花。但如改成《等待献花》，倒是吻合主题了，却也变得索然无味。

尺寸：4 厘米 ×6.5 厘米 ×1.5 厘米

丑女不愁没人爱

图案左上角有个猪头面具，或许包括两层含义：这是一个属猪的女人；这个女人像猪一样笨。但她照样享受到了爱情——扑在一个大兵的怀里，笑得多么开心，不觉露出了满口参差不齐的牙齿。

尺寸：10 厘米 ×8 厘米 ×7 厘米

骨感美男

披着长发，瘦骨伶仃，展现的裸体皮包骨头，没有一块好肉。骨感美女的图片网络见过，但骨感美男的图片，恐怕还很少出现。这也算填补了一项空白。

尺寸：8.5厘米×9厘米×1.5厘米

新娘化妆

像是苗族新娘化妆的剪影。虽然看不到服装的绚丽，也看不出新娘的美貌，但她边化妆边读书，可以猜度这是一位知书达理的女人。

尺寸：15厘米×9厘米×7厘米

树荫底下好看书

在树荫下看书的惬意，是当今无数手机迷难以体会的。

尺寸：13 厘米 ×15 厘米 ×6 厘米

中年压力如巨石

一个中年男子，背着一块巨石，迈的沉重的步子。巨石有形，压力无形，孰轻孰重，过来人不难咂摸出其中的滋味。

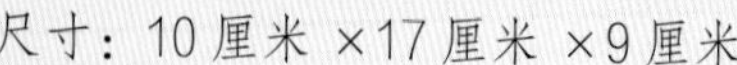

尺寸：10 厘米 ×17 厘米 ×9 厘米

质问

左侧扎着“马尾巴”穿着花衣服的，是个纯爷们，下巴的胡须翘得老高。右侧的短发胖脸，是个少妇，丰满的乳房呼之欲出。他们或许是老夫少妻，或许是婚外情侣。但少妇无疑是有了“不忠”的行为，引起爷们的震怒，鼻子抵着鼻子进行质问，后果难以预料。

尺寸：9 厘米 ×7 厘米 ×3 厘米

农夫喊叫

农夫戴着棉帽，背着行囊，像是游子归乡。但或许发现老家的房屋坍塌，或许正目睹祖屋遭遇强拆，奋力张开大嘴发出声嘶力竭的喊叫。

画面乍看不太容易辨认。但找到农夫的嘴巴之后，便有了一目了然的标题。

尺寸：9 厘米 ×12 厘米 ×3.5 厘米

飘飘欲仙

一个大老爷们，肯定是喝高了，走路飘飘忽忽，东倒西歪。

尺寸：8 厘米 ×7 厘米 ×6 厘米

大烟鬼

獐头鼠脑，三分像人，七分像鬼。已经瘦骨嶙峋，弱不禁风，还斜着一杆烟枪，如痴如醉。这也许可称作所有大烟鬼的形象代言人。

标题原为《抽大烟》，想突出他抽大烟的神态。经推敲，还是做了修改，借以深化主题。

尺寸：6 厘米 ×7 厘米 ×3 厘米

亲热

戴着茸茸皮帽的老人返回家乡，还未见到亲人，先被看家狗发现，呼的一声窜了上来，差点把他扑倒。此情此景，融化了多少世态炎凉。

标题越简练越形象。

尺寸：9 厘米 ×5 厘米 ×3.5 厘米

农夫满载而归

画面不太清晰，农夫的模样却依稀可辨：他反扛的钉耙，后面吊着野鸡，前面坠着野猪，估计都是陷阱套的。他仿佛已闻见喷香的野味，咧着一张大嘴边走边笑。

标题随着画面的解读一气呵成。

尺寸：6 厘米 ×5 厘米 ×2 厘米

贼头贼脑

柱子后悄悄探出贼头贼脑，一只眼睛还残留着红肿，或许是上次被抓挨揍的痕迹。

尺寸：7厘米 ×10厘米 ×5厘米

飞檐走壁

正上方，一条男性人影飘飘欲仙。正下方，一条女性人影跃跃欲试。传说中的飞檐走壁谁也没有见过，此图案俨然再现了那神奇的场景。

尺寸：6厘米 ×8厘米 ×4厘米

悍妇训顽童

神经质的母亲，有多大嗓门就使出多大嗓门训斥；调皮鬼早已习惯了这种方式，歪着脑袋听喝，实际上根本就没当回事。教育方法，在不少家庭是个大问题。

尺寸：13 厘米 ×15 厘米 ×6 厘米

父女情

父亲一看就像某合资公司高管，穿着西服坎肩，露出衬衣的白领和一道白袖子，喜悦的眼神，陶醉在和女儿相处的氛围里。女儿戴着羽毛头饰，拎着猫面具，打扮得像个小公主，亲吻着父亲的脸颊。母亲哪去了？上方一个妇女的头像，正好象征着那个女主人早已化作淡薄的印象。

原想从《老板的小情人》着墨，但怎么看，那个小情人都太小。往女儿一联想，正好和画面吻合。

尺寸：6 厘米 ×3 厘米 ×6 厘米

藏身蛇穴

贪官事败逃逸，来不及出国，只好进山，藏身蛇穴。

尺寸：7厘米 ×6厘米 ×4厘米

岩缝显露半张脸

他一看就像个省部级高官，面皮白净，鼻直口方，微胖，保养得体。或因东窗事发，钻进一个事先修好的洞穴，从口子型的岩缝往外窥探，鼻梁上分明碰出了一个蚕茧大的包。

尺寸：10厘米 ×18厘米 ×9厘米

等待救援

发生地震，房屋倒塌。一个老头被压在瓦砾堆里，动弹不得，无奈地等待救援。

尺寸：10厘米×15厘米×6厘米

机枪扫射

这是电影中经常看见的镜头。机枪手奋不顾身站起来，抡起机枪横扫一通，口里还高喊着：替战友报仇！

尺寸：10厘米×10厘米×5厘米

背影

一个身形瘦小的男孩，背着柴草，行走在崎岖的山路上。他的背影，看上去让人有几分酸楚，油然想起那些偏远山区辍学少年。

尺寸：13 厘米 ×8 厘米 ×9 厘米

摩托返乡过春节

每逢佳节倍思亲。然而，又因为一票难求，愁煞异乡人。摩托大军便应运而生。图为一个打工仔风尘仆仆赶路的情形。

尺寸：8 厘米 ×6 厘米 ×10 厘米

悬崖施救

一架直升机，稳稳地停靠在悬崖上。视觉的原因，看上去它像卡在崖壁上。不过，从飞行员探出的半截身子，飞机放下的悬梯，以及岩石上几个模模糊糊的身影，可以知晓它是在从事紧张的救援。机身上刻有一行字，谁知道写的是什么？

最初是把直升机看作发生空难，题为《直升机迫降悬崖上》，但总觉得那种理解有点消极。换个视角重新审视，果然发现了它的积极意义，而且比迫降更切题。

尺寸：20 厘米 ×29 厘米 ×16 厘米

非常动物

第四辑

德鲁比

圆鼻头，胖嘟嘟脸，大智若愚的神情，俨然是为美国动画片《猫和老鼠》中主角之一德鲁比定制的石雕像。酷似！

尺寸：10厘米 ×7厘米 ×5厘米

蛇捕鼠

一条黑蛇吐着长须，瞄准了一只黑鼠。黑鼠显然只能束手待毙。

尺寸：10 厘米 ×5 厘米 ×7 厘米

黄鼬

一只黄鼬从洞穴探出半截身子，看上去十分警觉。

尺寸：6 厘米 ×7 厘米 ×6 厘米

藏猫猫

画面上醒目地浮现一个猫脑袋，另有三个猫脑袋若隐若现。自然很容易让人联想到那个时髦词！

尺寸：9厘米×11厘米×5厘米

飞鼠

一只老鼠慌不择路地从高处往下跳，它身后的那个架子，是个简易的机关，差点把它活捉。它侥幸脱钩，纵身一跃，飞出了险境。

尺寸：5厘米×8厘米×3厘米

狐狸的传说

画面像是画在岩壁上的狐狸肖像。一只眼睛和一小块脸皮风化脱落，反倒让眼神愈发狡黠，老谋深算。有过一篇风靡一时的童话《狐狸打猎人的故事》。这个肖像俨然是故事的开篇。

尺寸：17 厘米 ×13 厘米 ×7 厘米

狐狸远眺

一只狐狸耸着耳朵瞪着眼睛伸长脖子登高望远，全神贯注，如同雕塑。但若发现目标，它肯定会一跃而起，快如闪电；而若发现天敌，它肯定也会瞬间消失，无影无踪。

原拟标题《狐狸》，也未尝不可，稍觉动感不足。加了个词，便有了一触即发的意味。

尺寸：17 厘米 ×23 厘米 ×7 厘米

呦呦鹿鸣

一只矫健的白鹿，抬头发出委婉的鸣叫，似乎在召唤同伴来此聚会。

尺寸：7 厘米 ×10 厘米 ×5 厘米

袋鼠

一只袋鼠，跳跃前进。原为《卧牛石》，但推敲时发现更像袋鼠，改动标题，正好适用。

尺寸：12 厘米 ×3 厘米 ×5 厘米

与狼共舞

狼半躺在石堆里，鼻梁朝天，大嘴微启，正在观看山妖起舞。山妖却将手一招，要拉着狼一起跳。下一个节目当然会是更精彩的双人舞。

尺寸：7 厘米 ×10 厘米 ×3 厘米

白虎上山

一只白虎正探着脑袋上山。虎头清晰可辨，虎身只有大概轮廓，反倒增添了隐秘的效果。

尺寸：27 厘米 ×11 厘米 ×8 厘米

狮子潜伏

一只狮子潜伏在草丛里，只露出一个大脑袋。多看几眼，会发现狮子变成了两个面孔。实际上，这是因为狮子隐蔽得太巧妙，让人看不清真面孔的缘故。

这个画面，很不容易发现。这块石头，我也曾经几次想把它淘汰。但无意间发现了狮子的脑袋，这个形象从此就一目了然了。

尺寸：8 厘米 ×9 厘米 ×5 厘米

熊外婆

戴着一顶黑色外婆帽，坐在一张竹椅上，用一块手绢擦着腮帮子，故作和蔼的笑容，掩饰不住一双狡黠的眼睛。肚子已经饱了，长嘴暂且合拢，等待天黑再大开杀戒。

熊外婆与狼外婆一样，早就有了脍炙人口的童话。

尺寸：14 厘米 ×10 厘米 ×5 厘米

熊出没

一只熊警觉地从枯树后探出脑袋，眼睛悄悄打量周围的动静，鼻子敏感地嗅闻附近的气息。这姿势这神态，一看就是个狩猎高手。

最初标题拟的是《熊冬眠》，想表现它在冬眠中被惊醒。但这个效果无法体现，反倒是偶尔想起的这个时髦的词，用做标题增添了几分幽默。

尺寸：13厘米×19厘米×8厘米

长颈鹿和稻草人

一只长颈鹿，探头伸到稻草人的耳边说悄悄话，稻草人发出会心的微笑。

尺寸：10厘米×10厘米×5厘米

花鸟鱼虫

第五辑

残荷

仿佛是大自然刻意模仿八大山人的笔意，寥寥几笔，生动传神。旁边那个拄杖人，俨然就是亲临现场加以指导的八大山人。

尺寸：8 厘米 ×13 厘米 ×12 厘米

枯荷

叶片很大，已经破败，满是孔洞。唯有放开想象力，才能再现它硕大的绿叶托着粉红色荷花的美景。

尺寸：13 厘米 ×10 厘米 ×6 厘米

蝙蝠

蝙蝠灵巧地穿行在夜幕中，它像个幽灵，只能看出模糊的轮廓，辨不清真实面目。

尺寸：8厘米 ×6厘米 ×3厘米

飞鸟

粗看一只鸟，细看又露一只。它们比翼齐飞，形影不离。

尺寸：5厘米 ×6厘米 ×2厘米

巨蟒

一条巨蟒，穿行在石缝间，青白相间的表皮，散发着嗖嗖寒意，让人倒吸一口凉气。

尺寸：20 厘米 ×12 厘米 ×10 厘米

鱼鹰

一只略有些夸张的鱼鹰，伫立在岩石边，等待目标的出现。

尺寸：10 厘米 ×10 厘米 ×5 厘米

座山雕

一只老雕蹲伏在一块岩石后，警觉的眼睛居高临下俯瞰，颇有几分威严。

标题原为《老雕》，往人们耳熟能详的这个名称一转换，更显得煞有介事。

尺寸：6 厘米 ×6 厘米 ×3 厘米

海鸟趴窝

小岛布满风雨侵蚀的孔洞，左下侧，出现一个天然形成的鸟窝，一只海鸟趴在里面，孵化小海鸟。

尺寸：6 厘米 ×10 厘米 ×4 厘米

寒号鸟

一只四不像的大鸟，身上没有一根羽毛，仿佛赤身裸体。读过《寒号鸟》的一代，从这个造型，不难联想起那个只有发誓没有行动的形象：哆啰啰，哆啰啰，寒风冷死我，明天就垒窝……

担心青年人不知寒号鸟，最初标题拟为《裸鸟》，虽然也说得过去，但还是缺了一点味道。干脆加以修改，附以文字说明。

尺寸：9厘米 ×14 厘米 ×6 厘米

凤冠鹦鹉

咬碎坚果的喙，抖擞风流的冠，无疑是鹦鹉族类的一条好汉。

尺寸：7 厘米 ×9 厘米 ×2.5 厘米

小鸡快跑

左下角，一只狐狸已抓住了一只小鸡，正待享用。右上角，一只小鸡张开弱小的翅膀，仓皇逃跑，即将飞出画面。小鸡的头顶，一只小鸟似乎拼命呐喊：小鸡快跑！

尺寸：42 厘米 ×20 厘米 ×10 厘米

鸭子

鸭头和身子由两块石头组合，似乎浑然一体。

尺寸：11 厘米 ×10 厘米 ×10 厘米

鹅鹅鹅

脑袋有点像鸭子，又有点像乌龟。说鹅未免牵强。但它伸长的脖子，恰好再现了唐朝大诗人骆宾王那首儿童诗的意境，也就不必较真了。

尺寸：10 厘米 ×4 厘米 ×5 厘米

鹅鹕唱歌孔雀听

一只可爱的小鹈鹕，依偎在孔雀宽大的羽翼下，正张开大嘴唱着动听的歌。孔雀半垂着脑袋，沉醉其间。一只鸭子也伸长脖子，凑到鹈鹕颈前聆听。

尺寸：10 厘米 ×5 厘米 ×6 厘米

孔雀收屏

孔雀开屏，十分好看。炫耀过美丽之后，赶紧收拢尾羽，为下一次开屏积蓄力量。

尺寸：6厘米×7厘米×6厘米

凤舞

凤凰凌空飞舞，身影若隐若现，似乎刻意追求一种朦朦胧胧的美。

尺寸：18 厘米 ×12 厘米 ×5 厘米

琥珀甲壳虫

叶片形的琥珀，囚禁着一只甲壳虫。也不知经过了多少世纪，甲壳虫仍然栩栩如生。

尺寸：9厘米×5厘米×2.5厘米

虫吃菜心

一只肥胖的虫子，趴在菜心上大快朵颐。这种镜头，在许多地方已被农药屏蔽了。

尺寸：5厘米×3厘米×2.5厘米

蜗牛先生

漫画的蜗牛，身子拖长，还故意勾出人的脸型。便正好可以称作“蜗牛先生”，让人自然联想到那个成语——比上不足比下有余！

尺寸：6 厘米 ×10 厘米 ×4 厘米

破茧而出

一只坚硬的茧子，顶端出现一个缺口，钻出两根触须，以及蛾子的一对眼睛。经过一段难熬的沉闷时期，终于进入化蛹成蝶的过程。飞出去，将是一片新天地。

尺寸：7厘米 ×7厘米 ×2厘米

蜜蜂

蜜蜂扇着翅膀降落在一枚叶片上，直立腰身，留下了一张“快照”。

尺寸：8 厘米 ×3.5 厘米 ×2 厘米

蝈蝈

蝈蝈低着头，振着翅，似乎陶醉在动情的歌唱中。

尺寸：2 厘米 ×5 厘米 ×2 厘米

小龙虾

一看就被端上了餐桌，身子烧红了，脑袋被揪开了，只等剥掉那层硬壳品尝美味了。

尺寸：4厘米 ×7厘米 ×4厘米

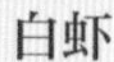

白虾

一只白虾，自由地游弋。

尺寸：5厘米 ×9厘米 ×2厘米

草鱼

一条健硕的草鱼，像是受了重伤，潜入水底，逃避天敌。

尺寸：15 厘米 ×17 厘米 ×6 厘米

风筝与海鸟

风筝越飞越高，看似善于飞翔。实际上，它与生俱来就受着操控，飞得再高，也是个玩偶。海鸟暂时落后于风筝。只要它有高飞的愿望，一扇翅膀，就可搏击长空，因为它的身子和灵魂都是绝对自由的！

尺寸：10 厘米 ×8 厘米 ×3 厘米

魅力自然

第六辑

太阳公公刚露脸

浑圆如朝阳的轮廓，有模有样的眼睛鼻子和嘴巴，很容易引起太阳公公的联想。它还有大半张脸遮蔽在奔涌的潮水下，这个标题恰如其分。

尺寸：5.5 厘米 ×9 厘米 ×1.5 厘米

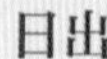

日出

太阳从东方冉冉升起，月亮在西方悄悄隐没。海阔天空，名副其实的一览无余。

尺寸：7.5 厘米 ×8 厘米 ×1 厘米

霞光凤影

整个画面红光焕发，俨然满天朝霞。略微展开想象，不难发现凤凰的身影。

只看到霞，看不到凤，霞就显得支离破碎；只看到凤看不到霞，凤也显得牵强附会。二者互为补充，增添了诗情画意。

尺寸：15 厘米 ×22 厘米 ×15 厘米

变幻莫测的云

一朵云彩，出现三张面孔。左边乌云，现出黄羊跳跃的形状。

尺寸：10 厘米 ×5 厘米 ×3 厘米

黄月亮

临近八月十五，月亮欲圆未圆，正好给思乡的人，一个感情的缓冲。月亮是在山顶，还是在海洋深处，这都可以令人发挥。

尺寸：8 厘米 ×13 厘米 ×5 厘米

月挂半山腰

石头是典型的山形，月亮是标准的月牙儿，富有诗情画意。而有鼻子有眼的月牙儿也张着嘴似乎正在吟诗。

依稀出现一条狼影，正在借月长嚎。

尺寸：5 厘米 ×9 厘米 ×4 厘米

黄河之水天上来

大片的黑土地上，浊黄的河流如同从天而降，有主流，有支流，浩浩荡荡，无边无际，俨然再现了“黄河之水天上来”的意境。

尺寸：8 厘米 ×15 厘米 ×10 厘米

小桥流水

那座小桥，仿佛神来之笔，让一汪浊流有了“魂”。有了“小桥流水”，还怕找不到“人家”吗！

尺寸：8 厘米 ×11 厘米 ×4 厘米

野渡无人舟自横

一叶扁舟，停在江边，看不到主人，只有四周的寂静。

尺寸：10 厘米 ×10 厘米 ×2 厘米

飞来石

两块石头一叠加，依稀透出衔接的缝隙，反倒比杭州飞来峰更显得煞有介事。

尺寸：20 厘米 ×13 厘米 ×8 厘米

风动石

福建东山有著名的风动石。这个图案，模仿得并不惟妙惟肖，却也传出几分神韵。

尺寸：5 厘米 ×10 厘米 ×7 厘米

野猪岩

岩壁上，显露出一头野猪的轮廓，微启的长嘴，凶狠的眼睛，一看就是个不好对付的角色。

尺寸：6 厘米 ×6 厘米 ×3 厘米

虎头礁

虎头的形状饶有威严，久经海水的冲刷和侵蚀，仅剩残破的外表，更透出岁月的沧桑。

尺寸：13 厘米 ×15 厘米 ×8 厘米

险峻的盘山公路

一条公路从山脚下盘桓向上，拐了好几个急弯，有的拐角甚至塌方断路，亟待修复。所谓九曲十八盘也不过如此吧。

尺寸：6 厘米 ×9 厘米 ×7 厘米

大路通远山

当代公路事业发达，即便是再远的山岭，只要有人烟，公路早已通行。这个图案，俨然是对全国四通八达公路网的缩影。

尺寸：18 厘米 ×17 厘米 ×8 厘米

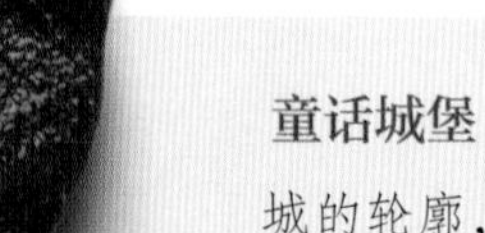

童话城堡

城的轮廓，堡的形状，似真似幻，带有几分童话的色彩。倘若成人来画，更注重的是形似；富有想象力的儿童，反倒画得似像非像，充满童趣。

尺寸：5 厘米 ×6 厘米 ×1 厘米

长城遗迹

万里长城，除了尚存的一小段加以修复，成为旅游胜地，大部分只剩下若隐若现的遗迹。图案虽小，却展示了广阔的画面，发人深思。

尺寸：8 厘米 ×13 厘米 ×8 厘米

仓颉印痕

第七辑

奇石

尺寸：12 厘米 ×15 厘米 ×7 厘米

进

尺寸：10 厘米 ×10 厘米 ×5 厘米

伟

尺寸：16 厘米 ×13 厘米 ×7 厘米

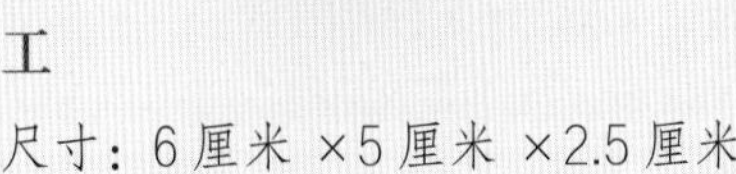

工

尺寸：6 厘米 ×5 厘米 ×2.5 厘米

小

尺寸：5.5 厘米 ×5 厘米 ×1.5 厘米

多少

尺寸：6 厘米 ×14 厘米 ×9 厘米

女士

尺寸：4.5 厘米 ×3 厘米 ×1 厘米

丈夫

尺寸：6 厘米 ×6 厘米 ×2 厘米

父

尺寸：3 厘米 ×9 厘米 ×2.5 厘米

女

尺寸：7 厘米 ×13 厘米 ×3 厘米

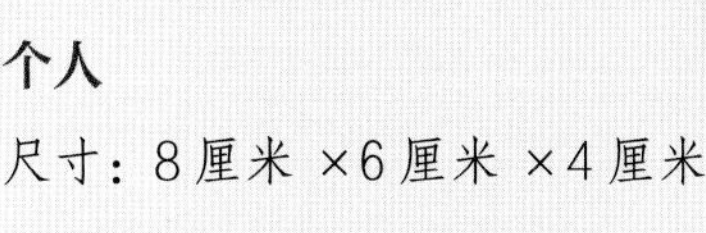

个人

尺寸：8 厘米 ×6 厘米 ×4 厘米

手

尺寸：5.5 厘米 ×5.5 厘米 ×2 厘米

气

尺寸：3 厘米 ×4.5 厘米 ×2 厘米

火

尺寸：4.5 厘米 ×4 厘米 ×2 厘米

土

尺寸：6 厘米 ×8 厘米 ×3 厘米

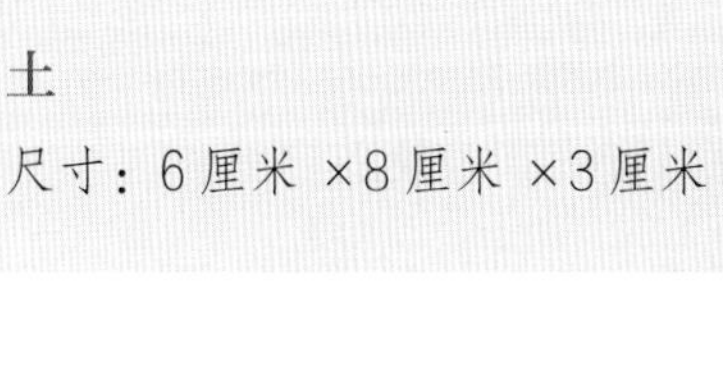

土

尺寸：6 厘米 ×8 厘米 ×3 厘米

雨

尺寸：8 厘米 ×4 厘米 ×3 厘米

山

尺寸：12 厘米 ×10 厘米 ×5 厘米

羊

尺寸：9 厘米 ×6 厘米 ×2 厘米

西游

盘古岩画

中国民间素有盘古创世的神话传说，最早形象为龙首蛇身、人面蛇身。

尺寸：6 厘米 ×5 厘米 ×3 厘米

嫦娥应悔偷灵药

嫦娥偷吃了后羿的灵药，身不由己，飘上月宫。只身孤影，难耐寂寞。故唐朝大诗人诗云：嫦娥应悔偷灵药，碧海青天夜夜心。

尺寸：4 厘米 ×6 厘米 ×4 厘米

天蓬元帅

想当年，八戒没有贬下天庭时，也是神气活现、仪表堂堂。

尺寸：17 厘米 ×9 厘米 ×8 厘米

精灵月下起舞

圆月如镜，万籁俱寂。精灵巧借海潮翩翩起舞，好不自在。

尺寸：13厘米×17厘米×9厘米

嫦娥月宫独舞

嫦娥在月宫中感到寂寞，经常独舞自娱自乐。这就给了天蓬元帅可乘之机。

尺寸：6 厘米 ×5 厘米 ×3 厘米

天蓬投身猪胎成八戒

天蓬元帅调戏嫦娥，犯了天规，被贬下凡界，投身猪胎，成了八戒。

尺寸：6 厘米 ×5 厘米 ×3 厘米

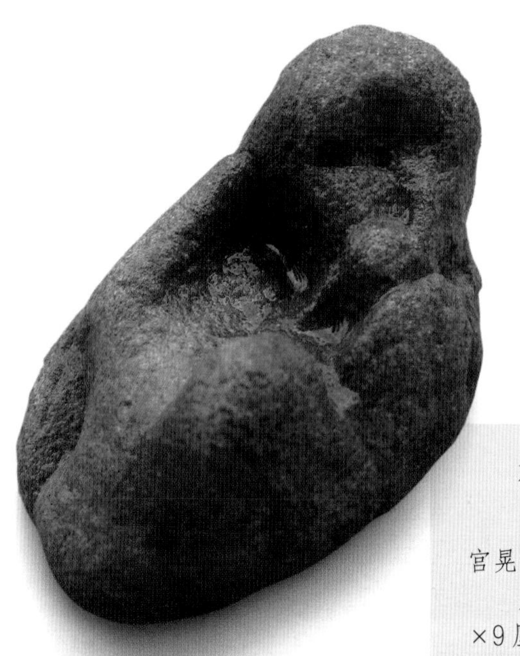

石猴问世

灵石蹦出石猴，引起天宫晃动，惊动了仙界。

尺寸：13 厘米 ×17 厘米 ×9 厘米

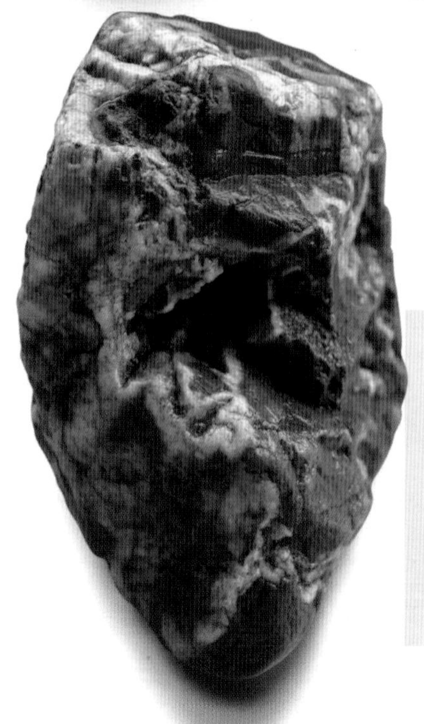

花果山水帘洞

石猴带头跳过水帘进洞，成了公认的猴王。眼下帘子已经“卷”起，影影绰绰可以望见一只看守洞口的小猴。

尺寸：12 厘米 ×10 厘米 ×9 厘米

悟空初试金箍棒

悟空龙宫借兵器，试了几件兵器都不称心。阴差阳错遭遇了定海神针。图案似乎将悟空初试如意金箍棒的情景定了格。金箍棒直插苍穹，随心所欲变大变小。悟空抬脸观望，喜不自胜。龙王和龙婆则弓着身子，满脸沮丧。

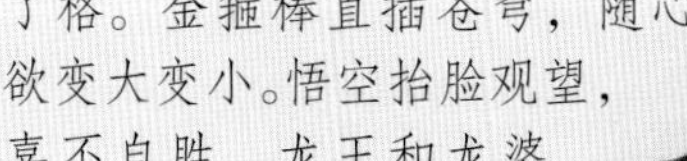

尺寸：16厘米×10厘米×12厘米

太上老君下界招安

太上老君骑着一头小鹿，脑后飞着一只天鹰，下到水帘洞前，受到小猴的盘问。

尺寸：5厘米 ×3厘米 ×2厘米

悟空逃出炼丹炉

悟空踹翻老君炉打出天宫，太上老君守着炼丹炉发愣，满脸苦相。

尺寸：8 厘米 ×7 厘米 ×3 厘米

玄奘打坐

虎头形的山岭中间，有一个小平台，坐着一个潜心打坐的和尚。俨然再现了玄奘当年苦修的场景。

尺寸：13 厘米 ×13 厘米 ×7 厘米

玄奘西行

玄奘背着行囊，踏上征程。此图案与古画《玄奘出行图》，俨然异曲同工。

尺寸：4.5 厘米 ×4 厘米 ×3.5 厘米

白马劫

唐僧骑白马西行，刚出发不久，就被白龙袭击，唐僧催马奔逃，在马头上可看见圆圆的脑袋。但很快就被白龙赶上，将他的坐骑撕裂并吃掉。而后白龙收服，变身为白龙马。

尺寸：7 厘米 ×11 厘米 ×3.5 厘米

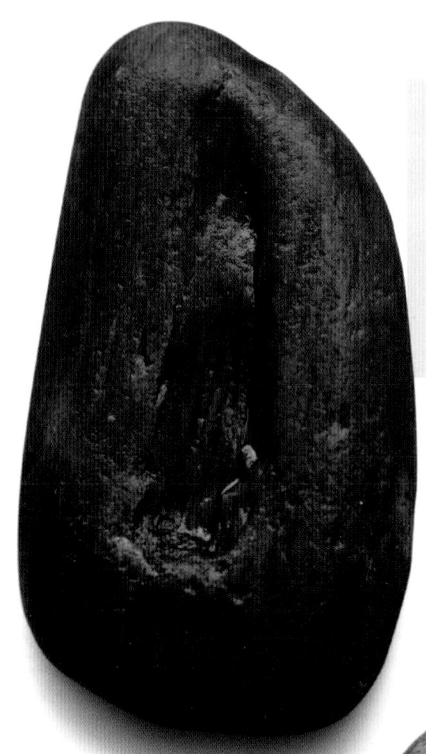

观音显形

观音点化唐僧，帮他收服悟空为徒，离别时在石壁上留下清晰的印痕。

尺寸：7 厘米 ×4 厘米 ×3 厘米

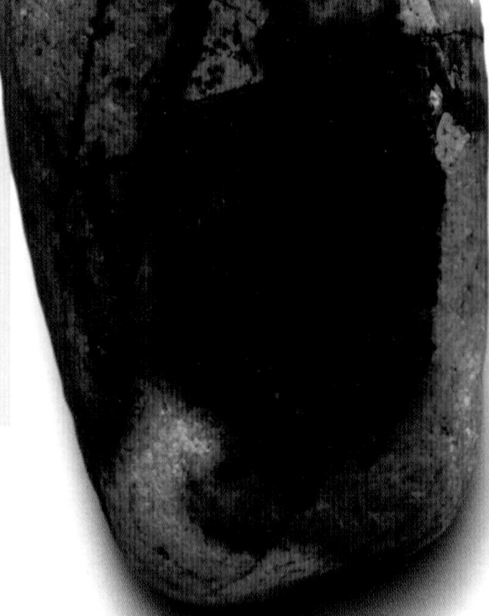

沙僧挑担

八戒好吃懒做，色迷心窍。沙僧埋头苦干，任劳任怨。

尺寸：6 厘米 ×4 厘米 ×2.5 厘米

垂涎三尺

听说唐僧赴西天取经，妖魔想吃唐僧肉，禁不住涎水长流。

尺寸：18 厘米 ×11 厘米 ×9 厘米

花妖

第一印象是个美女，戴着花，托着腮，文文静静。再加端详，能看出面孔外的面孔，顿时平添几分的恐怖。她的姿态，也现出一股妖气。

尺寸：7 厘米 ×4.5 厘米 ×2 厘米

树精

剪纸效果的树林，以及枝杈间一目了然的人脸，多看几眼，越看越像。

尺寸：5 厘米 ×7 厘米 ×2 厘米

巡山小妖

经过点化的花鸟虫鱼，变成为妖精服务的小厮。整天在山里巡逻，发现情况，及时通风报信。

尺寸：4 厘米 ×5.5 厘米 ×2 厘米

妖精布阵

一个长着几分人像的小妖头目，正在向手下布置任务。几个人形小妖环绕在他身边。

尺寸：10 厘米 ×13 厘米 ×7 厘米

妖令官

脑袋顶着令旗，扭动腰肢，自得其乐。

尺寸：13 厘米 ×10 厘米 ×6 厘米

白骨精云端观望

白骨精知道白骨洞是唐僧师徒必经之地，经常驾着云层观望来路的动静，终于发现了目标。

尺寸：8厘米 ×8厘米 ×5厘米

白骨精化身美女

图案左侧，白骨精抡着大刀正欲明抢，但又担心战不过悟空，一缕妖气喷出，顿时化作图案右侧的一个美女。

尺寸：12 厘米 ×14 厘米 ×9 厘米

悟空发现妖精

悟空摘桃返回，发现师傅身边多了一个少女。睁开火眼金睛仔细打量，断定是个妖精。白骨精情知不妙，一只眼睛假装可怜，另一只眼睛察言观色，随时准备遁逃。

尺寸：5 厘米 ×7 厘米 ×7 厘米

白骨精化烟逃遁

假扮的少女很快就被悟空一棒打死，白骨精这才领略到悟空的厉害,化烟逃遁。

尺寸：11 厘米 ×11 厘米 ×8 厘米

白骨精化身老太

白骨精脱出少女的形骸，转而变成一个老太太，继续朝着唐僧师徒走去。

尺寸：10 厘米 ×16 厘米 ×7 厘米

白骨洞

森森白骨堆砌的山，中间分明生有一个深洞，这就是白骨精的巢穴。

尺寸：10 厘米 ×7 厘米 ×4 厘米

悟空假扮老妖婆

白骨精请老妖婆吃唐僧肉。悟空半途打死老妖婆，假扮老妖婆，上前问八戒，你的大师兄怎么不来救你？

尺寸：8 厘米 ×6.5 厘米 ×3 厘米

魔王

仿佛镜头摇动，渐渐显现一个魔王的头像。尽管无法准确判断魔王长着几张面孔，但每一张面孔都带着阴森森的杀气。

尺寸：10 厘米 ×11 厘米 ×4 厘米

三魔头密谋

镜头又摇到一个画面，对准了正中部位的三个魔头。左侧，张着大嘴的是狮魔；中间张着嘴垂着长鼻子的是象魔；右侧的一个鸟头，是鸟魔。它们正在商讨战略。

尺寸：6 厘米 ×6 厘米 ×3.5 厘米

象王斗悟空

《西游记》第七十六回，师徒四人遭到象怪阻拦。象怪以鼻卷去八戒，卷住悟空。图案中，象怪的长鼻子呈S形，鼻头处，缩成小人的悟空若隐若现。

尺寸：9厘米 ×11厘米 ×4厘米

替身掩护真身

原形留在地面，真身腾上空中。透过上方的云团，可以看到悟空熟悉的面孔。

尺寸：12厘米 ×7厘米 ×5厘米

天兵天将

获知唐僧师徒招致厄运，天兵天将屡次走下云端，前来助阵。

尺寸：5 厘米 ×9 厘米 ×4 厘米

哪吒一马当先

天兵天将援助师徒四人，哪吒屡次冲锋陷阵，一马当先。

尺寸：4 厘米 ×2 厘米 ×4 厘米

收服鸟怪

图案正中偏下，悟空假装败退，逃进弥勒假扮瓜农的瓜田。鸟王紧追不舍，口渴难耐。右侧偏下，化作老翁的弥勒乘机把悟空变的西瓜递给他。他把悟空吃到肚里，被腾得死去活来。最终，文殊收了狮怪，普贤收了象怪，如来收了鸟怪。

尺寸：11.5 厘米 ×8 厘米 ×3 厘米

魔头聚会

征途仍然险恶重重。前方，又有几个魔头聚会，研究怎么吃到唐僧肉。

尺寸：8 厘米 ×12 厘米 ×8 厘米

西天取经

战胜一个又一个妖魔，师徒四人继续赶路。照例是悟空跑在前面，唐僧骑马紧随。沙僧和八戒挑着担子，远远地落在后面，几乎看不到影子。最终，师徒历经九九八十一难，才到达西天，取回了真经。

尺寸：15 厘米 ×22 厘米 ×11 厘米

后记

偶尔拾取了几块石头，竟与奇石结下不解之缘。

倘若没有悉心解读几百块奇石图案，我绝对想不到其间蕴含着极丰富的文化信息。即以此书为例，就涵盖了中国古典四大名著与《金瓶梅》《西厢记》，外国名著《堂吉诃德》《哈姆雷特》《搅水女人》《巴黎圣母院》《等待戈多》《老人与海》等等，还包括了不少中外政治文化名人以及世情百态，诸多看点，雅俗共赏。

形容民间的能工巧匠，有句俗语叫作“巧夺天工”。而人世大师，即令够得上“寿星”级别，也不过百年之间。再看奇石图案，哪一块不是大自然的千百年之功，有的甚至可追溯到亿万年前。如此漫长岁月的打磨，“鬼斧神工”名副其实。难怪唐代画家张璪极力倡导“外师造化，中得心源”。他常年师法自然，技艺炉火纯青，画松则“手提双管，一时齐下，一为生枝，一为枯枝，气傲烟霞，势凌风雨，槎枒之形，鳞皴之状，随意纵横，应手间出，生枝则润含春泽，枯枝则惨同秋色。”；画山水则“高低秀丽，咫尺重深，石尖欲落，泉喷如吼；其近也，若逼人而寒，其远也，若极天之尽。”。他的《松石图》《寒林图》《松竹高僧图》等六件画迹，著录于《宣和画谱》；《流水涧松图》，著录于《清河书画舫》。张璪至今虽然已无作品存世，但他提出的创作方法，对后世的绘画理论有极大影响。

反观此书，收纳的200余幅图片，恰如“天工”刻意尝试凡间的美术表法：国画、油画、雕塑、钢笔画、铅笔画，应有尽有，各臻其妙。“描绘”名人，有的酷似，有的神似。“勾勒”山水动物，活灵活现，栩栩如生。不少图案俨然经过精心构思、不落窠臼，足资画家和美术工作者参考借鉴。比如《魔幻女孩头像》，在一个看似随意的画面上，竟然隐含了十余张表情各异的面孔；比如《暗中监视》，稍稍改变一点角度，眼睛就出现了闭上和睁开的效果。实例不胜枚举，书中文字说明已有评点，毋庸多赘。研读这些图案，无疑有助于画家和美术爱好者激发创作灵感。我甚至认为，假如有某个画家，悉心模仿这些图案并绘制成一幅幅画作，或许可以为画坛增添一道独特的风景。

的确，“搜尽奇峰打草稿”的不乏其人；“搜尽奇石打草稿”的尚不见其人。当名胜古迹已经被人们画遍了之后，唯有奇石还如同一片尚未开垦的处女地，静待捷足先登者。

奇，蕴藏在普通之中。普通，易被普通人忽略。

大自然的普通石头像世间普通人那么多，但普通人中藏龙卧虎，不乏奇才。正如普通石头中不乏奇石。奇才可以通过表现，让人们看出他的奇。奇石则只会不言不语地躺在那里，任凭时光流淌，只能靠人们去发现。

然而，衡量标准不同，也会出现不同效果。

我曾拜访一位老资格奇石收藏家，他看了我刚在路边捡的一块图案石不以为然，说上犹奇石讲究四个字：质、形、纹、色。这样的石头没人捡！

也难怪，我捡的石头和他馆藏的石头相比，简直像村姑和贵妇斗富，根本就不是一个档次。

但冷静一想，上犹奇石质地再好，比得过和田玉、碧玺、田黄吗？超得过青田石、巴林石、昌化鸡血石吗？更别提南非钻石、斯里兰卡红宝石、缅甸翡翠了。可见，一味用宝石的标准衡量奇石，容易将奇石遮蔽在宝石的浓荫下，无法分庭抗礼。这恐怕就是上犹拥有这么好的奇石资源，却不能在全国独树一帜的症结所在。

天然图案，堪称上犹奇石的“秘密武器”。唯有将“四字诀”改为图、质、形、纹、色“五字诀”，扬长避短，发挥到极致，上犹奇石才能后来居上，奇峰突起！

在所有的艺术门类中，或许奇石最容易成为“平民艺术”——谁只要舍得弯下腰去关注路边或河滩的石头，谁就有可能发现奇石。故此，玉石可以贵族化，奇石必须平民化。奇石越平民化，越利于中华文明的进化。如果奇石收藏远离平民了，那就是奇石收藏的悲哀。

奇石并非只跟我有缘，因为任何人都可以和奇石结缘。大千世界，充满神奇。如上犹有奇石一样，各地都有独特之物，奇花奇草奇木奇峰奇景比比皆是，均等着人们去结缘。

此书之所以刚脱稿就顺利出版，得益于上海人民美术出版社资深编辑康健搭桥。世纪之初，他是拙作《北欧寻宝记》的责编。多年不曾谋面，友谊不减当年。看到我借微信发去的几十幅图片，感觉到这是一部有意义的书，特地授意投给出过寿山石丛书的福建美术出版社，并表示可以帮我联系。九月初，他正好在郑州全国书展结识了郭武社长，便当面进行推荐，果然得到认可……

获知我正在四处捡奇石，寓居陡水的赣南老作家阳春随即奉送收藏的一块奇石。寄居陡水的赣南摄影家刘年洪、龙年海，都曾给过有益的指导。寄居陡水的青年音乐家卢波，也曾多次提供用车便利。借此一并致谢！

王洪江

2016 年 10 月 23 日于陡水湖畔